孩子，你要学会强大自己

懂情绪
管好情绪了不起

苏星宁 著　方寸星河 绘

北京理工大学出版社
BEIJING INSTITUTE OF TECHNOLOGY PRESS

图书在版编目（CIP）数据

懂情绪,管好情绪了不起 / 苏星宁著 ; 方寸星河绘 .

北京 : 北京理工大学出版社 , 2025.3.

（孩子,你要学会强大自己）.

ISBN 978-7-5763-4002-0

Ⅰ . B842.6-49

中国国家版本馆 CIP 数据核字第 20241J5L80 号

责任编辑：徐艳君　　**文案编辑**：徐艳君
责任校对：刘亚男　　**责任印制**：施胜娟

出版发行 / 北京理工大学出版社有限责任公司

社　　址 / 北京市丰台区四合庄路 6 号

邮　　编 / 100070

电　　话 / （010）68944451（大众售后服务热线）
　　　　　　（010）68912824（大众售后服务热线）

网　　址 / http://www.bitpress.com.cn

版 印 次 / 2025 年 3 月第 1 版第 1 次印刷

印　　刷 / 三河市华骏印务包装有限公司

开　　本 / 880 mm x 1230 mm　　1 / 32

印　　张 / 5.375

字　　数 / 120 千字

定　　价 / 168.00 元（全 6 册）

●第一章●

测试篇：你能掌控自己的情绪吗？

●第二章●

认知篇：对情绪有一个科学的认识

●第三章●

方法篇：学会如何处理消极情绪

●第四章●

能力篇：如何提升你的情绪掌控力

●第五章●

应用篇：学会应对学习、生活中情绪问题

第一章

测试篇：
你能掌控自己的情绪吗？

1 遇到生气的事情，你会当场就暴跳如雷吗？

成长的烦恼

有一次，朋友来我家做客，失手打碎了我最喜欢的水杯。

我的怒火一下被点燃了，一把将他推开，口中还不停地指责他。

他跟我道歉后，站在原地手足无措。待我冷静下来，又有些

内疚，觉得那样对朋友有点过分了。难道我是一个控制不住

情绪，一生气就暴跳如雷的人吗？

我是一个能控制住自己情绪的人！

我一生气就 容易暴跳如雷！

VS

　　我们拥有两个世界：一个外在的世界，一个内在的世界。情绪就是我们内在世界的一部分，是伴随我们一生的朋友，我们需要认识、面对、接纳并正确地表达我们的情绪。

　　生活中我们每个人都会不可避免地产生生气、失望、悲伤、愤怒等负面情绪，我们应该像关照自己的身体一样，关照自己的情绪和心理的状态。

　　所以，学会掌控情绪就成为一件非常重要的事情。但是控制情绪，不能只靠压抑来回避它，也不能只靠发泄来摆脱它，而是要学会与自己的情绪和平相处。

　　情绪掌控力强的人不会将脾气随意发泄在别人身上，更不会遇事就情绪化，变成情绪的奴隶；相反，他们能够觉察自己的情绪，正确地表达自己的情绪，这样才有利于同学或者朋友之间的交往，有利于我们的身心发展。

　　如果再遇到生气或者难过的事情，你会怎么做呢？

心理学家给你的建议

遇到生气的事，怎样才能稳定住情绪呢？

1 舌尖后卷，深呼吸六秒

坏情绪产生的过程中，身体会处于压力之中，这时有意识地提醒自己，放慢呼吸，舌头后卷，做一个深呼吸，大概六秒的时间，等情绪平稳后，思考能力和解决问题的能力就都回来啦！

舌头后卷，深呼吸六秒。

2 学会共情，从对方的角度想一想

无意间损害了你的利益，对方的心里会非常自责。假若这时不分青红皂白地指责他，会深深地伤害双方感情。可以试着站在对方的角度上想一想，理解了对方的困顿，你的情绪也会得到很大程度的缓和。

他也不是故意的，我应该站在他的角度想一想。

3 转移注意力，暂时避开"雷区"

当情绪波动较大或者暂时调节不好时，可以通过转移注意力来化解，暂时避开"雷区"。放松自我，抛开情绪后，就能够更多地关注事情本身了，你会发现可能事情并没有那么糟糕。

可以看书转移一下注意力。

每天进步一点点

孩子的世界纯真又直接，情绪也来得更为猛烈和真实。当你感觉不开心、焦虑、不顺心时，有情绪是非常正常的。学会识别情绪、调解情绪，是每一个人必备的能力。

你今天感受到哪些情绪？和"坏"情绪和平相处了吗？

每 日 收 获

写下我的小故事

② 快考试的前几天，你会感到异常焦虑吗？

成长的烦恼

期末考试前几天，我感到异常焦虑，总觉得自己会考不好，对自己一点信心都没有，觉得别人都复习得很好。上课时我的注意力无法集中，甚至想打退堂鼓，觉得不考试就没有那么多麻烦了。这种坐立难安的状态非常糟糕，要到考试结束才能慢慢缓解。那么，我到底该如何应对考前焦虑呢？

●说说我的故事●

距离期末考试
还有五天

各位同学，我们开始上课！

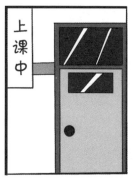

上课中

还有五天就考试了，我还有知识点没掌握好呢，考不好可怎么办啊……

？

老师，我……

小蕊，你怎么不认真听课呀？你怎么了？

小蕊，马上要期末考试了，不要压力太大啊，平常心看待就好！

嗯……

10

11

心理学家和你聊聊天

我能积极面对考试焦虑。调整身心，发挥更好的水平。

考试前，我总控制不住地焦虑。

考试前，因为担心、紧张或忧虑所产生的一种复杂而延续的心理体验，被称为"考前焦虑症"。简单说，考前焦虑的心理根源是个人的压力，严重的会导致情绪浮躁、反应迟钝，甚至大脑一片空白。平时学习挺不错的孩子也会出现考前紧张，甚至吃不下饭。那么，考试焦虑真的那么可怕吗？

美国心理学家耶克斯和多德森通过研究发现，人们的动机强度和效率之间的关系，不是线性的，而是呈倒 U 形曲线的关系。

也就是说，在压力较小时，学习效率会随压力增大而提高；中等程度的压力下，学习效率会达到最佳；压力较大，学习效率不升反降。所以，压力过高和过低都不利于取得好成绩，而适度的压力则可以让人的身心调整到最佳状态。考前适度的焦虑能让我们保持精神的紧张和集中，调动身心能量，提高学习效率，发挥出好的水平。

心理学家给你的建议

考试前，我们怎样才能缓解焦虑，积极应对呢？

1 明晰考试目的，合理地自我期待

考试的意义不是最后的成绩，而是对自己这个阶段学习的检验。考得不理想的部分，恰恰是需要改进、查漏补缺的部分。所以，不要放大考试的挑战，分析自己的情况，找到合理的自我期待。

考试目的

我觉得难，其他人也会觉得难，发挥出自己的水平就好。

2 做好复习规划，积极乐观地准备

"不打无准备之仗"，与其自我焦虑，不如根据自己的情况，制订好复习计划，特别要重点规划自己的弱项。同时，注意劳逸结合，坚持户外运动，让我们的大脑分泌"快乐密码"多巴胺，让我们状态满满！

做好复习规划，积极乐观地准备。

3 孤军奋战不若相倚为强

如果孤军奋战的时候感觉效果不理想，可以试试和朋友一起复习。一来熟悉的人能够增加你的舒适感；二来可以互相监督，更有竞争意识；三来你们还可以互相发现对方的不足，取长补短，互相进步。

可以试试与朋友一起复习，相互进步。

13

每天进步一点点

孩子的世界纯真又直接，情绪也来得更为猛烈和真实。当你感觉不开心、焦虑、不顺心时，有情绪是非常正常的。学会识别情绪、调解情绪，是每一个人必备的能力。

你今天感受到哪些情绪？和"坏"情绪和平相处了吗？

每 日 收 获

写下我的小故事

③ 碰到不顺心的事情，你会情绪低落到难以自拔吗？

 成长的烦恼

有一次美术课，老师教我们剪窗花，同学们都成功了，我却因为画不好、剪不好，剪坏了一张又一张卡纸，直到下课都没有交出一件满意的作品。随着铃声响起，大家都玩耍起来，只有我坐在座位上难过。怎样才能从不低落的情绪中走出来呢？

●说说我的故事●

同学们，这节美术课我们学习剪窗花，下面我来示范一下。

我把步骤画在黑板上，同学们试着做一下吧！

我的剪刀好难用呀……

这剪刀导致我的窗花做出来太差劲了。

我的做好啦！是不是很漂亮？

我再试一次吧！

真没用!

啪

睿睿,怎么啦,这么闷闷不乐的?

今天太不顺了,这把破剪刀导致我一个窗花也没剪好,真气人!

没事,你用我的剪刀试试!

谢谢,我试试。

睿睿,遇到不顺心的事,不要情绪低落难以自拔呀。

嗯!谢谢你!

有时候事情就这么简单地解决了呀!

遇到不顺心的事,你也会情绪低落无法自拔吗?

心理学家和你聊聊天

我能通过改变认知，进而改变情绪。

VS

遇到不顺心的事，我的情绪就低落到难以自拔。

　　为什么人们会有伤心、难过、痛苦等负面情绪呢？ 这恐怕就要问问我们的大脑啦！因为我们的大脑中有个叫"杏仁核"的开关，它位于人的鼻子到后脑勺中间的位置，当我们感受刺激或压力时，杏仁核就会非常活跃，并产生相应的负面情绪。

　　美国心理学家阿尔伯特·艾利斯认为，"引起人们情绪困扰的并不是外界发生的事件，而是人们对事件的态度、看法或评价等认知，因此要改变情绪困扰不是致力于改变外界事件，而是应该改变认知。通过改变认知，进而改变情绪。"

　　所以，我们完全不需要把负面情绪当作敌人，也完全不需要去害怕它。当发生了不开心的事情，我们不妨试着跟自己对话：我产生了什么样的情绪？这样的情绪是什么事引起的？我对这件事是如何看待的？不去"咀嚼"负面情绪，客观地回答这三个问题，让思维回归理性，才有益于自我心理发展。

心理学家给你的建议

遇到不顺心的事，该怎么从低落的情绪中走出来呢？

1 写情绪日记，科学地接纳情绪

负面情绪来袭时，我们可以用上面心理学家所提倡的，给这个情绪做个记录：当我……时（事件），我觉得……（对事情的认知、理解），我感到……（情绪），我想要……（行动）。这个梳理的过程，能让我们客观理智地看待自己，接纳自己。

写情绪日记，科学地接纳情绪。

2 转变认知，和负面情绪来场辩论

认知（对事情的看法）影响情绪。转变认知，避免将思维聚焦在局部的不足上，找到合适的理由跟负面情绪来一场辩论。这个过程，恰恰是我们全面看待问题的过程。

只是这次没剪好窗花而已，又不代表我什么都不行！

3 积极行动，或转移注意力

认真分析后，如果觉得发生的事情需要自己做出实际的改变，那就积极行动，找出原因，解决问题。如果认为"咳，多大点儿事儿"，那就"挥一挥衣袖"，投入让自己开心的事情中吧！

积极行动，或转移注意力。

每天进步一点点

孩子的世界纯真又直接，情绪也来得更为猛烈和真实。当你感觉不开心、焦虑、不顺心时，有情绪是非常正常的。学会识别情绪、调解情绪，是每一个人必备的能力。

你今天感受到哪些情绪？和"坏"情绪和平相处了吗？

每日收获

写下我的小故事

4 看到别人的成功，你会有很强的嫉妒心吗？

成长的烦恼

　　科学老师问了一个关于宇宙的问题，同学们都面面相觑，这时，学习委员站起来侃侃而谈。看着大家崇拜的眼神，我腹诽道："如果我站起来，肯定比他回答得更好。"待到回过神来，我对自己强烈的嫉妒心感到十分羞耻："为什么我总是见不得别人比自己厉害呢？"

·说说我的故事·

上课中

同学们，今天的科学课我们学习太阳系中"地球最忠实的伴侣"。

哪位同学知道地球最忠实的伴侣是指什么？

是月球！月球是地球唯一的天然卫星，它本身不会发光，而是……

不错呀，皓皓懂得真多！

哇！

哼，这有啥！谁不知道啊！

哇！皓皓好厉害呀！

要是我刚刚早点儿站起来，哪能轮到他出风头！

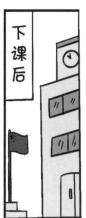

下课后

你也太厉害了吧！

对呀！

这有什么可炫耀的！

骏骏，不要嫉妒学习委员，这样很不好。

哼，我比他知道的还多呢！

毕竟是学习委员大胆站起来回答的啊。

我嫉妒他？我比他知道的多多了！

看不得别人比我厉害，我的嫉妒心这么强吗？

哼！！

心理学家和你聊聊天

看到别人成功，我能化嫉妒为动力，激发无限可能！

看到别人成功，我会有很强的嫉妒心……

　　嫉妒是人的本能。有研究发现，人类的嫉妒情绪很早就出现了，例如，不满一岁的婴儿在看到妈妈给别的婴儿喂奶时，会表现出不安、愤怒等情绪。

　　嫉妒是一种复杂的情绪，是发现自己某些方面不如别人，从而产生的一种由羞愧、恼怒、焦虑、怨恨等交织的心理状态。适当的嫉妒可以让我们看到自己的短板，积极进取，努力赶超对方。

　　严重的嫉妒心理，就像个坏脾气的怪兽。当别人获得表扬或超过了自己时，这个怪兽就会立马跳出来，让我们不开心、自卑，甚至怨恨，消耗我们的精力，让我们觉得自己一无是处……

　　很多时候，错误的嫉妒情绪，源于"只有我厉害，我才高兴""别人好，就等于我不好"的错误的理解和认知。用他人的优点来折磨自己，会让你无法沉下心来学习、前进，更难以创造性地完成自己的事情，对自己的发展有着直接的消极影响和巨大破坏性。所以，让我们化嫉妒为动力，超出局限，激发无限可能！

心理学家给你的建议

看到别人成功很嫉妒，该如何调整？

1 恭喜你发现了自己的不足

嫉妒他人某方面取得的成就？恭喜你，这代表着你又发掘到了自身可以进步的地方。这时候的嫉妒是积极的、欣喜的，叫作"羡慕"。以对方为榜样，行动起来，充实自己，取长补短。

恭喜你发现了自己的不足！

2 学会称赞他人也是你的心理"修炼历程"

"嫉妒"多出现于拿他人优秀的方面与自己并不擅长的方面做对比。与其如此，为什么不试着正视他人的优点，承认别人的优秀呢？放平心态吧，和优秀的人做朋友，不也代表着你的成功吗？

学会正视他人的优点，学会称赞他人！

3 情绪来了一笑而过，但一定要事后认真检讨

人们总是在每次嫉妒的情绪过后，羞愧于曾经的狭隘。但仅仅只是羞愧并不够，需要我们深入"剥洋葱"，想想为什么会如此嫉妒对方，问问自己的内心深处，关注自我，更加淡然地面对他人。

我为什么会嫉妒对方呢？

每天进步一点点

　　孩子的世界纯真又直接，情绪也来得更为猛烈和真实。当你感觉不开心、焦虑、不顺心时，有情绪是非常正常的。学会识别情绪、调解情绪，是每一个人必备的能力。

　　你今天感受到哪些情绪？和"坏"情绪和平相处了吗？

每 日 收 获

写下我的小故事

5 如果做错了事，你会因过分内疚而沉湎其中吗？

成长的烦恼

有一次，我跟朋友在公园追逐，不小心将朋友撞倒，导致朋友的胳膊流血了。尽管他和他的家人都没有怪我，但是想到他的胳膊骨折了，我特别内疚。朋友已经原谅了我，为什么我还沉湎于内疚中无法摆脱呢？

说说我的故事

骏骏，快来追我！

糟糕！我刹不住了，皓皓快闪开。

哎呦！

好痛啊！

妈妈，快来……

皓皓，你的胳膊怎么了？

对不起，阿姨，我不小心把皓皓撞倒了，摔到胳膊了。

做错了事，我会坦然接受，在错误中成长。

做错了事，我会过分内疚，沉浸其中无法解脱。

VS

内疚是一种内心因惭愧而感到不安的情绪。一般来说，一个人能感觉内疚，说明他明白事情的重要性，且有责任感。但是过分内疚也会使得他不能直视错误，不能坦然面对现实，这是情绪掌控力弱的表现。

内疚感源于错误，不论是对事情还是对人，但是更大的错误是人们对错误耿耿于怀，不能原谅自己。过分的内疚，可以让人不再自信，让人失去对生活的热忱，让人感到桎梏与绝望，让人总是习惯于对于一件错事或问题，进行错误的内归因，认为是自己的过失引发的，从而远离了事情的真相，还会给自己带来不必要的压力，影响身心健康。

失去昨日的繁星并不可怕，可怕的是你又错过了今日的朝阳。让我们坦然地接受错误，把它当成提升自己的阶梯，而不是禁锢自己的牢笼，让我们在错误中成长。

心理学家给你的建议

做错事时，怎样避免自己沉溺其中？

1 加强沟通，争取对方的谅解

因做错了事情而内疚在所难免，一味地责怪自己只会让你的生活一团乱麻，甚至给自己套上沉重的枷锁，这时候你需要的是真诚地道歉，与对方充分沟通，做出实际行动，争取对方的原谅。

我要去看一下皓皓的伤口恢复得怎么样了。

2 在力所能及的范围内做出弥补

在和对方沟通之后，无论对方是否拒绝，你都需要在力所能及的范围内弥补，根据实际情况，或道歉，或赔偿，或看望……类似的举动都能减轻你的心理负担，也有利于修复双方的关系。

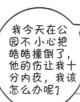

我今天在公园不小心把皓皓撞倒了，他的伤让我十分内疚，我该怎么办呢？

3 无论愧疚还是委屈，都要大声说出来

如果你表面风轻云淡，内心无限内疚，反而会影响你的正常生活。进行前两步之后依然无法消除内疚时，你一定要把心里的情绪表达出来，比如，找家人、朋友倾诉，或在空旷的地方喊出来。

对不起，皓皓。让你受伤了，你能原谅我吗？

每天进步一点点

孩子的世界纯真又直接，情绪也来得更为猛烈和真实。当你感觉不开心、焦虑、不顺心时，有情绪是非常正常的。学会识别情绪、调解情绪，是每一个人必备的能力。

你今天感受到哪些情绪？和"坏"情绪和平相处了吗？

每 日 收 获

写下我的小故事

第二章

认知篇:
对情绪有一个科学的认识

⑥ 常见的负面情绪都有哪些?

成 长 的 烦 恼

疫情居家的日子，不能出门，上网课学习，老爸老妈天天守着，也没办法和朋友一起放肆地玩耍……一箩筐烦心事让我难过，烦躁，焦虑不安。不稳定的情绪让我苦恼万分，为什么我会有这么多糟糕的情绪？为什么我开心不起来？

萱萱家

尊敬的各位家长：从下周一开始，进行线上学习。

耶，太好了，在家学习不就相当于放假了吗？

各位员工，下周一开始居家办公，感谢大家的配合。

唉，这下完了，爸爸妈妈要天天盯着我学习了。

太好了，反正老师也看不到我，吃点零食吧。

好好吃呀！

在家上网课太舒服了！

萱萱，你上课吃什么呢？上网课是最考验自制力的时候，好好听课！

唉……好烦呀！

第二天

第三天

第十天

不能和好朋友玩，也不能打我最喜欢的排球了……好没劲啊。

……

还是找妈妈倾诉一下吧……

妈妈，不知道怎么了，最近老是有一些负面情绪围绕着我，和之前的自己一点都不像了。

而且我总是控制不了这些负面情绪，我要怎么办啊？

我该怎么摆脱负面情绪呢？

37

我能掌握情绪，做情绪的主人！

VS

负面情绪让我一直快乐不起来。

　　每个人既会有开怀大笑的愉快时刻，也会有抑郁、伤心、焦急、紧张等不愉快的时刻，这些都是人的情绪表现或情感体验。每一种情绪都有自己重要的作用，正是这些不同情绪的共同作用才组合成完整的人格。

　　作为学生，负面情绪的产生一般来自学习、社交、家庭等方面。虽然无法选择发生的事情，但可以选择自己的情绪状态，并积极地调整，毕竟你的生活并非全部由发生的事决定，也由你看待事情的态度决定。

　　长期处于负面情绪中不仅会影响我们的心理健康，也会对我们的身体造成一定的影响，这是不可否认的。不过，适度负面情绪的存在也有正面作用，比如，适度愤怒可以激发人们采取行动去对抗不公正或不道德的行为。

　　每一种情绪都是一位信使，给我们带来内心的声音，让我们感受到外界与内心连接，促使我们更好地成长！

心理学家给你的建议

怎样和常见的负面情绪"打交道"？

找到适合自己的处理方法，以不变应万变

负面情绪到来的时候，有时"悄无声息"，有时"石破天惊"。处理情绪是人们要用一生修行的功课。常见的负面情绪千千万，你可以不断摸索出适合自己的处理方法。

负面情绪让我一直快乐不起来。

笑一笑把烦恼全部抛掉

"笑是生活的解药"，产生负面情绪时，不妨看一些搞笑的节目，或者做一些放松的事情，比如做做手工、听听故事、打打球，以乐观的心态面对烦恼。

笑一笑，把烦恼全都抛掉！

虽然苦只有自己知道，但"倒倒苦水"也未尝不可

生活中，我们并不是孤军奋战。觉得自己压力大，有了负面情绪时，也不用非要自己扛，向亲人和朋友"倒倒苦水"，把对生活的不满和牢骚尽情地说出来，这样的交流还会让彼此变得更加亲近！

和朋友"倒倒苦水"，诉说对生活的不满和牢骚。

每天进步一点点

孩子的世界纯真又直接，情绪也来得更为猛烈和真实。当你感觉不开心、焦虑、不顺心时，有情绪是非常正常的。学会识别情绪、调解情绪，是每一个人必备的能力。

你今天感受到哪些情绪？和"坏"情绪和平相处了吗？

每 日 收 获

写下我的小故事

7 我有时会有一些负面情绪，这正常吗？

成长的烦恼

　　我时常感觉自己是个差劲的人：做不好老师布置的作业，刷碗的时候手忙脚乱，没有坚持下来的爱好，经常惹家人或朋友生气，看到别人成功还眼红……这些情况让我内心特别不舒服，负面情绪成了生活的常客。难道只有我一个人经常被负面情绪困扰吗？

我怎么什么都做不好啊，真的是太笨了。

唉。

皓皓，你这是怎么了，怎么情绪这么低落啊？

妈妈，我怎么这么笨呀，什么都做不好，好烦。

画也画不好，刷碗也拿不稳。

一发生不好的事，我就容易产生负面情绪，这正常吗？

适度的负面情绪是正常的，可以帮助我们认识自己。

我自己经常被负面情绪困扰。

　　情绪的产生是它用自己的存在或爆发，来提示、保护、唤醒我们，它用具有特定含义（各种情绪体验）的方式在向我们传递信息，把我们最真实的内在情感表达出来。

　　日常的生活和学习中难免遇到困难、挫折或者失败，我们对于这些情况的消极认知，就会产生相应的消极情绪，也就是我们通常认为的负面情绪。适度的负面情绪是正常的，这是一种宣泄，可以缓解、释放内心的压力。

　　但是，负面情绪超出一定的时间和度，则会适得其反。这样的情绪，如果面向的是自己，则会对身心健康产生不良的后果；如果面向的是外界，除了以上不良后果，还会让人际交往变得困难，难以实现自我价值。

　　感受到自己的负面情绪也不要焦虑，适度的负面情绪可以帮我们感受世界、认识自我，所以，就像关照我们的身体一样，认识它，接纳它，与它和平共处，才能做最好的自己。

心理学家给你的建议
怎样以平常心面对负面情绪？

 负面情绪人人皆有，要学会自我调节

入世就会有烦心事，千万不要因为产生了负面情绪而把自己"特殊化"。人们行走在人生轨迹上，偶尔相交时你也能感受到他人的负面情绪。敏锐地觉察负面情绪的到来，不去逃避，在接纳中学会自我调节。

负面情绪人人皆有，要学会自我调节。

 把负面情绪当作老朋友

如果负面情绪出现的频率非常高，不要过度解读它，更不要排斥它，最好的处理方式就是放平心态，时间会将其慢慢冲淡。下次负面情绪来的时候，不妨和自己开个玩笑："嘿，又见面了，我的老朋友！这次打算待多久呢？"

嘿，又见面了，我的老朋友！这次打算待多久呢？

负面情绪

 从他人身上取经

人人都有情绪不稳定的时期，多观察别人是如何处理这类情绪的，从中学习，能够给你带来一些灵感和启发。适当地交流沟通，逐渐提升掌控情绪的能力。

小米，你是怎么面对自己的负面情绪的？

看正能量的书籍激励自己。

孩子的世界纯真又直接，情绪也来得更为猛烈和真实。当你感觉不开心、焦虑、不顺心时，有情绪是非常正常的。学会识别情绪、调解情绪，是每一个人必备的能力。

你今天感受到哪些情绪？和"坏"情绪和平相处了吗？

每 日 收 获

写下我的小故事

8 有了负面情绪，总是压抑自己，这好吗？

成长的烦恼

有一次，我因为一件小事和好朋友闹别扭，我很不开心也很委屈，饭也吃不香，觉也睡不好，但我不想主动去缓和，觉得很丢面子。于是我选择假装没事，将这些感受强压在心底，但是这让我非常痛苦。负面情绪会随着时间自己消失吗？压抑情绪的方式合适吗？

心理学家和你聊聊天

我可以调节自己的负面情绪！

VS

我很容易被负面情绪控制。

　　掌控情绪，即管理情绪，而不是压抑情绪。管理情绪主要是通过管理情绪体验或者行为，让情绪处在适当的水平。而压抑情绪，特别是压抑某些强烈的情绪，则会让情绪一直堵在那儿，时间长了甚至会造成严重的"内伤"。

　　其实，在我们身边有很多人会压抑自己的负面情绪，其中还有一部分人处于不自知的状态。他们认为压抑情绪是成熟的表现，所以不去宣泄，这样的理解实则将"宣泄"理解得太过于单一。宣泄情绪，不一定会迁怒他人，健康的适合自己的宣泄方式会使自己的身心得到放松，也有益于我们交友。

　　压抑负面情绪，还会使人失去生命的活力。当人在隐藏自己的情绪时，不仅会影响自身的身心健康，还可能会伤害到他人。

　　我们可以把情绪看作信使，它带着内心的声音来与我们沟通。当负面情绪来袭时，如果我们没有听懂它带来的信息，或者干脆把它拒之门外，那么它就会反复地来敲门。

心理学家给你的建议

怎样才能释放负面情绪，自我解放呢？

1 调整心态，试着宣泄负面情绪

情绪的压抑不利于身心发展。面对负面情绪，可以调整心态，适当地宣泄出来。你可以冲着天空大喊，可以找个"秘密基地"冷静思考，也可以捶打枕头……合理地宣泄情绪应该成为你的必备技能。

可以捶打枕头，合理地宣泄负面情绪。

2 独自消化不如寻找知心人

"高山流水遇知音"，知心的人总能更加理解你。在诉说的过程中，尽量客观地描述，还原负面情绪产生的全过程。和朋友一起分析负面情绪为何产生，有什么好的方法缓解，以及以后如何预防负面情绪。

和朋友一起分析负面情绪是如何产生的，该怎么解决。

3 你是坏情绪的"载体"，试着掌控它吧！

负面情绪来的时候你毫无防备，负面情绪走了也不总结经验，那么你永远无法掌控负面情绪。你需要做的，就是了解自己，提前感知负面情绪，摸索出适合自己的情绪调节法。

摸索出适合自己的情绪调节法。

每天进步一点点

孩子的世界纯真又直接，情绪也来得更为猛烈和真实。当你感觉不开心、焦虑、不顺心时，有情绪是非常正常的。学会识别情绪、调解情绪，是每一个人必备的能力。

你今天感受到哪些情绪？和"坏"情绪和平相处了吗？

每 日 收 获

写下我的小故事

9 一不顺心就发脾气，这可以吗？

成长的烦恼

第一次做泥塑，我屡试屡败，因为掌握不好力度和角度，简单的形状都无法完成，我一气之下就把手上的陶泥推翻了，摔了一地。坐在旁边的朋友安慰我，我还生气地对她说："哎呀，你别管我！"朋友很无奈，也觉得我莫名其妙。事情过后，我冷静下来想一想：一不顺心就发脾气，这样做真的对吗？

说说我的故事

54

对呀！

你都快做好了？

我也得加快速度！

做的啥也不是！

小米，不要着急，你一定能做出来的，慢工出细活嘛。

哎呀，你别管我！

我刚刚……

不要！不要！我不要做一个一不顺心就发脾气的人。

一不顺心就把发脾气，这可以吗？

我会合理地宣泄情绪。

我遇到问题时容易情绪失控，也容易情绪化。

　　很多人都有过前面这种看似过度或者不合适的强烈情绪。这类宣泄情绪的方式被称为"无意识的发泄"。上一节提到有意识地压抑自己的负面情绪，会较多地伤害到自己。而这一节涉及的是"无意识的发泄"，情绪爆发的瞬间，自身是意识不到自己的情绪状态的，它通常以情绪化的方式表现出来或转移到其他对象上。

　　经常性无意识地发泄负面情绪，是情绪掌控力弱的表现。你可能会问，那么情绪掌控力强的人是不是就将负面情绪掩埋在心底呢？其实并不是这样，情绪掌控力强的人并不代表他们没有情绪或者不发泄情绪，而是他们会以一种健康的合理的方式释放、宣泄自己的负面情绪。

　　肆意发脾气对身心健康的影响不容小觑，除了导致身体的一些机能下降，心理的负面情绪也总会处于一种"箭在弦上，不得不发"的状态，还会伤害到周围的朋友。所以，学会合理地宣泄情绪是一门重要的功课，也是我们人生的必修课。

心理学家给你的建议

不顺心的时候，该怎么管理自己的情绪呢？

1 不要让冲动牵着你的鼻子走

遇到不顺心的事，情绪掌控力差的人往往会一味发脾气，不知收敛，殊不知这样做既伤害了他人，也无益于自己。找个安静的环境，独立思考，你的行为是否会伤害到无辜的人，待情绪平稳再去面对别人。

不要让情绪冲昏了头脑。

2 等情绪平缓下来，再整装待发

反复做不好一件事时，大家都会烦躁想要发脾气。建议你冷静下来之后给自己做一下心理建设，鼓励自己重新尝试，让理性的思维替换感性的冲动，再重新面对时锐气就会将庚气通通"驱逐出境"。

冷静下来后，鼓励自己重新尝试。

3 选择合理的方式宣泄

宣泄的方式千千万，为什么要选择最激烈的方法呢？反复操作不成功，将东西摔烂一时爽，但是真的能够解决最终的问题吗？认识到问题的关键，才能找到合适的解决方法。

认识到问题的关键，才能找到合适的解决方法。

每天进步一点点

孩子的世界纯真又直接，情绪也来得更为猛烈和真实。当你感觉不开心、焦虑、不顺心时，有情绪是非常正常的。学会识别情绪、调解情绪，是每一个人必备的能力。

你今天感受到哪些情绪？和"坏"情绪和平相处了吗？

每 日 收 获

写下我的小故事

⑩ 不仅看到情绪，也要听到情绪传达的声音

成长的烦恼

同桌的手因为打球受伤了，所以这几天他都请我帮忙。

看他确实不方便，我就帮他擦黑板、倒垃圾、取作业。后来

他让我帮他去借课外书，我就有些生气了。明明这件事他可

以自己做，为什么还指使我！就在他又一次请我帮忙的时候，

我很生气地拒绝了他。看到他有点懵，我又觉得自己太凶了。

哎，原本是好心帮他，怎么会这样呢？

·说说我的故事·

60

心理学家和你聊聊天

我能感知到自己的情绪，也能很好地表达情绪。

我知道心里烦，但就是不知道该怎么办，只能憋气，难受，最终爆发。

VS

　　我们可以把情绪看成是身体和内心以一种特殊的语言或者信号在沟通，不同的情绪代表着不同的内在声音。我们总是强调要"透过现象看本质"，情绪问题也是如此，不仅要觉察到自己的情绪，也要听懂情绪所传达的信号或者声音，这样才能进一步了解情绪，了解自己的内在需求。

　　面对情绪，需要清楚地意识到当时的状态，明白是什么人或事引发了这种情绪，思考"产生这种负面情绪的深层次的原因是什么"，而这些原因往往就是我们真正的内在需求。比如，嫉妒告诉我们精神上的饥饿感，明白自己想要什么，甚至有多么想要；愤怒可能告诉我们"这不公平""事情不应该是这样的"，这个声音中包含着力量或自尊自重；焦虑告诉我们，我们内心的欲望或期待与我们现在的状态存在偏差，是时候调整自己了。

　　负面情绪包含着很多信息，我们只有静下心来，听一听情绪所表达的内在声音，才能真正了解自己，获得成长。

心理学家给你的建议

怎样才能倾听到情绪所传达的声音呢？

 负面情绪来了，先别忙着自责

负面情绪是一种预警，是心理状态的反映，包含着很多情绪能量和信息。我们不需要因为自己有负面情绪而自我批判，因为没有真正的负面情绪，只有不被理解的情绪。

没有真正的负面情绪，只有不被理解的情绪。

2 静下心来，倾听情绪发出的信号

学会倾听情绪，是掌控并管理情绪的基础，是我们与自己的内在建立联结的通道。意识到自己的情绪变化后，不妨试着分析自己的感受，体察自己内在的真正需求，才能更好地指引接下来的行动。

静下心来，学会倾听情绪。

3 感受自我，正确地表达情绪

如何表达我们的情绪，实际上就是如何将自己内心的感受传达出来。"哼，你为什么不遵守约定？""你没有遵守约定，我感到非常难过。"哪一种情绪表达更好呢？当然是后者。

你没有遵守约定，我感到非常难过。

哼，你为什么不遵守约定？

你没有遵守约定，我感到非常难过。

孩子的世界纯真又直接，情绪也来得更为猛烈和真实。当你感觉不开心、焦虑、不顺心时，有情绪是非常正常的。学会识别情绪、调解情绪，是每一个人必备的能力。

你今天感受到哪些情绪？和"坏"情绪和平相处了吗？

每 日 收 获

写下我的小故事

第三章

方法篇：
学会如何处理消极情绪

11 转移注意力，尝试做一件让自己快乐的事

成长的烦恼

最近我学习时总是没有感觉，频频出现错误，上午学的下午就忘得差不多了，这让我非常焦虑，总是不由地想是不是自己退步了。正当我胡思乱想的时候，爸爸看出了我的不对劲，提出带我去做些喜欢的运动，放松一下。这么做真的可以让我的状态重新变得高效且积极吗？

说说我的故事

68

我可以转移注意力，调整负面情绪。

我容易沉浸在负面情绪中，消极抱怨。

为什么要在负面情绪产生后转移注意力呢？这是因为转移注意力，去做自己感兴趣的事情，可以产生愉悦感和掌控感，通过这种积极正向的心理情绪来对抗消极情绪，会使人尽快走出负面情绪的阴影，投入正常的学习生活中。如果只将注意力锁定在不顺心的事情上，只能感受到消极情绪对人的身心、学习、社交等方面产生的负面影响。

一个人既不可能十全十美，也不可能一无是处，所以不能总是关注自己的弱项，沉溺在负面情绪中。遇到瓶颈或者不知道如何突围的时候，不妨将注意力和精力转移到自己最感兴趣、最擅长的事情上去，从中获得的乐趣与成就感，将强化自信心，缓解心理压力。再回来看，可能之前的困难都已不是困难了。

与其低头看着泥泞小道，不如抬头仰望无限星空。觉得有压力或者焦虑时，学会转移注意力，在心情不好时去做一些让自己快乐的事情吧！

心理学家给你的建议

如何才能成功把注意力转移到快乐的事情上呢?

1 热爱的、擅长的更能给我们力量

负面情绪很容易让人意志消沉,可以把精力放在平常感兴趣的事情上面,用兴趣引导情绪走向平和,调动大脑的多巴胺分泌,从容易成功的方面获得成就感,有利于更积极地面对困难。

把精力放在平常热爱或感兴趣的事上。

2 多多社交,提高自我参与感

情绪状态不好时,人们最常采用的转移注意力的方法就是参加一些社交活动,在与人相处中感受温暖。享受朋友的陪伴,和好朋友一起玩耍,本身不就是一件快乐的事吗?

多和朋友们玩耍、聊天,开心又温暖。

3 不开心,那就动起来

运动是最有效的释放自己的方式。运动不仅有益于身体健康,还能让大脑处于兴奋状态,使人的情绪更加饱满,对美好事物更加渴望,所以动起来是转移注意力不错的选择。

运动不仅有益于身体健康,也是转移注意力的不错选择!

每天进步一点点

孩子的世界纯真又直接，情绪也来得更为猛烈和真实。当你感觉不开心、焦虑、不顺心时，有情绪是非常正常的。学会识别情绪、调解情绪，是每一个人必备的能力。

你今天感受到哪些情绪？和"坏"情绪和平相处了吗？

每 日 收 获

写下我的小故事

12 转变思考方式，把关注点放在积极事物上

成长的烦恼

　　因为疫情的影响，学校通知我们开始居家上网课。刚开始我还能认真地学，慢慢地，由于没有老师的监督和学校的学习氛围，我的学习效果开始不佳。我很担心自己的学习，便和妈妈说明了情况，妈妈告诉我："不妨通过这次网课来提升自我监督、自我约束的能力。"我转念一想："对呀。我为什么不能转变思考方式，把关注点放在积极的事物上呢？"

75

我可以把注意力、关注点放在积极的事物上。

我容易处于消极情绪中，长时间悲观焦虑。

　　桌子上有半瓶水，有些人会说"呀，只有半瓶水啦"，有些人则会说"哈，还剩半瓶水呢"。相同的处境，不同的人会用不同的态度去对待，正体现了他们思考方式的不同。如果是你，你会怎么想呢？乐观的人会把关注点放在积极事物上，他们会告诉自己还有半瓶水，以乐观的心态去对待，让积极情绪占据主导地位。

　　其实，很多事情都是相对的，并没有绝对的穷途末路，只是人们都习惯于从自己的角度来看问题。也就是说，你的关注点在积极事物上，则前方就是康庄大道；你的关注点在消极事物上，则会山穷水尽。

　　每个人都会出现消极情绪，当出现那些不如意的事情时，尝试转变自己的思考方式，换一个角度来看问题，关注积极的事物，这样情绪就会产生变化，心态也会转变，能使我们尽快走出消极情绪的阴霾。

心理学家给你的建议

怎样转变思考方式，把关注点放在积极事物上？

 不要"脑补"消极想法自己吓自己

面对很多事情，情绪一上来，人们总会首先看到消极的表象，这样不免会被困难吓倒，与其"脑补"消极想法，不如多想想事情好的方面：它促进了什么，带来了什么进步……说不定你就会开启新的视角！

多用积极的看法面对。

 悲观的你也许需要转变一下思考方式

如果你是个悲观主义者，建议你学学如何转变思考方式，就像你虽然不擅长跳舞，却有一双灵巧的手。用积极的思维看待事情，一切都变得轻松起来。

悲观的你需要转换为乐观的思维方式，一切都会变得轻松起来。

試着做个乐于接受转变思考方式的人

如果你是一个乐于接受转变的人，情况就会大不相同，事情的积极影响会给你带来莫大的新鲜感，这种新鲜感胜过你的许多悲观想法，好心情总会带来好运。

做一个乐于接受改变的人吧，新鲜感、好心情总会带来好运。

每天进步一点点

孩子的世界纯真又直接，情绪也来得更为猛烈和真实。当你感觉不开心、焦虑、不顺心时，有情绪是非常正常的。学会识别情绪、调解情绪，是每一个人必备的能力。

你今天感受到哪些情绪？和"坏"情绪和平相处了吗？

每 日 收 获

写下我的小故事

13 区分问题和情绪，并学会表达情绪

成长的烦恼

有一次，爸爸批评我作业总是出错，并固执地认为是因为我没有掌握好知识点造成的。一瞬间，委屈、生气涌上我的心头，我不受控制地和爸爸大吵了一架，离家出门。待我冷静下来仔细想想："如果当时我能够把问题和情绪区分开，分析缘由，学会合理地表达情绪，是不是就能避免冲突？"

我可以区分问题和情绪，并会合理地表达情绪。

我遇到问题时容易情绪失控。

　　生活中很多冲突并不是源自问题本身，而是源自不恰当的情绪及表达。如果遇到问题，情绪化严重，"容易上头"，忽略问题本身，就容易放大问题带来的负面影响，失去解决问题的动力。

　　理性思考，有效地将情绪、问题分开，专注于事情本身，才能拥有整理情绪、解决问题的力量。

　　专注于问题本身的同时，学会表达我们的情绪也至关重要，因为说出自己的感受和体验，能够促进彼此的沟通，更好地解决问题。如果觉得委屈或者生气，先不进一步行动，而是将情绪表达出来："听到你这样说我，我觉得很委屈，觉得被冤枉了，我并不是……"这既是对自己情绪的纾解，也是情感状态的传达。

　　每一个问题或者困难都会激发我们去学习，实践，创造，所以要将问题与情绪进行区分，关注问题本身，学会表达情绪，找对思考的方向，这样才会产生积极的结果。

心理学家给你的建议

怎样才能把问题和情绪区分开，并恰当地表达自己的情绪？

1 正确归因，关注问题本身

无法理智地对待问题，多是因为把问题怪罪于外界，急于撇清自己的"嫌疑"，如果想要解决这种矛盾，就需要对问题正确归因，多想想为什么会出现这种情况，思考如何才能控制情绪。

2 避免在情绪激动时处理问题

情绪起伏时，人们总会做出一些不理智的决定，带着情绪处理问题，一定会把问题处理得更加糟糕。你需要给自己留出充分的冷静时间，待恢复理智之后，关注问题本身，更好地处理问题。

带着情绪处理问题，一定会把问题处理得更加糟糕。

3 说出此刻的感受，描述自己的情绪

正确地描述自己的感受，不要被一时的冲动影响自己的表达。告诉对方自己因为什么问题而产生了怎样的情绪。切记，表达的一定是此刻自己内在的感受和情绪，不是之前的恩怨或者对对方的指责。

表达此刻自己内心的感受和情绪。

每天进步一点点

孩子的世界纯真又直接，情绪也来得更为猛烈和真实。当你感觉不开心、焦虑、不顺心时，有情绪是非常正常的。学会识别情绪、调解情绪，是每一个人必备的能力。

你今天感受到哪些情绪？和"坏"情绪和平相处了吗？

每 日 收 获

写下我的小故事

14 尝试寻求家长、老师或者朋友的帮助

成长的烦恼

新买的积木到了，我拒绝了朋友的帮助，也不想要爸爸的帮忙，固执地强调要独自完成。由于难度过高，我开始了漫长的拼装之路，很快我看着这么多小颗粒就烦了。眼看我就要这样放弃了，妈妈问我："觉得自己一个人做起来困难，为什么这么固执，不找人帮忙呢？"

我会向外寻求帮助，吸取经验，不断进步。

我不会寻求他人的帮助。

很多人都希望自己是独立的，做什么事情都完全靠自己，但"完全靠自己"过于绝对了。学会向外求助，既可以汲取他人的经验、增强信心，又可以收获合作的快乐、不断进步。

纵观古今，成就一番事业的人都少不了他人的帮助，因为人的精力、能力、学识有限，而且人是社会性动物，天然就与外界存在联系。

作为学生，没有步入社会，对外界信息的筛选能力并没有太多经验，所以老师、家长、朋友是寻求帮助的首选对象。如果在学习和生活中遇到了麻烦或挫折，仅凭自己的知识储备与能力，很可能打不倒这些"拦路虎"，或效率低下，但换一种方式，尝试寻求别人的帮助，经过他们的指点，可能一下子就豁然开朗，大大提高解决问题的效率。

独立自主固然重要，但是合作进取、虚心求教也不代表自己能力差。学会寻求他人的帮助，才能取得更大的进步！

心理学家给你的建议

如何说服自己寻求他人的帮助呢？

1 他人抛出"橄榄枝"时别忙着拒绝

事情有难易之分，有些事情可以独立完成，有些事情却需要求助他人。你需要对自己的能力有准确的判断，超出能力范围的事情，不要自己硬扛，对于他人友善的帮忙更不要自负赌气地一味拒绝。

我不会寻求他人的帮助。

2 虚心请教并不是丢面子的事

如果你觉得向别人寻求帮助是一种没有面子的行为，一时间转变不了心态的话，不妨将求助当作讨论。你和朋友一起对某件事发表见解，共同商讨，这样是不是能更好地接受一些呢？

向别人寻求帮助，并不是一件没有面子的事。

3 转变心态，听听别人怎么说

不要把固执当作独立自强。万事开头难，第一次做一件事更是如此，在你准备做事之前与他人交流一下，打个"预防针"，这样在你实施计划时就能少走许多弯路了！

转变心态，多交流，聆听他人的意见。

每天进步一点点

孩子的世界纯真又直接，情绪也来得更为猛烈和真实。当你感觉不开心、焦虑、不顺心时，有情绪是非常正常的。学会识别情绪、调解情绪，是每一个人必备的能力。

你今天感受到哪些情绪？和"坏"情绪和平相处了吗？

每 日 收 获

写下我的小故事

15 学会独处，情绪不好时让自己慢慢平静

今天在体育课打篮球的时候，我和睿睿因为犯规的问题吵了起来。皓皓从中调解，但是我正在气头上，觉得他偏向睿睿，就更生气了，便退出了比赛。坐在椅子上看他们打球，又羡慕又郁闷，觉得自己刚才有些冲动了。遇到问题或情绪不好的时候，怎么才能让自己静下来，消化负面情绪呢？

说说我的故事

体育课

砰！

睿睿，你这动作幅度也太大了，都犯规了！

这是正当防卫啊，是你没站稳吧？

我没有站稳？我怎么可能没站稳？明明是你动作幅度太大！

你还狡辩，你就是犯规了！

我没有！你自己不会打球，还怪别人！

我能独处，能和自己交流，平静下来处理事情！

我遇事就容易发脾气，不能自己消化负面情绪。

VS

很多人在情绪不好时就会在他人面前滔滔不绝地吐苦水，这是一种常见的处理情绪的方式。这样的倾诉方式属于借助外力，可以适当缓解自己的情绪，但是如果想从根本上解决问题，需要提升在独处时情绪调节的能力。

那么，什么是独处呢？心理学上对独处的定义包括自我意识和自我认知，是一种带有安全感的心理状态。所以可以看出，我们很容易独处，同时也很难独处，空间上的独自一人很容易，而自我调节以及内外信息整合等却不是能轻松做到的。这需要我们不断有意识地练习，才能在独自一人时调节情绪感受，积极引导自己走出负面情绪，进一步思考为什么会产生这种情绪。

人们往往把社交看作一种能力，处处强调社交的重要性，却忽视了独处其实也是一种重要的能力，因为这是人们和自己交流的时间。下一次出现坏情绪，不妨独处一下，和自己聊聊天，了解一下真正的自己。

心理学家给你的建议

如何培养钻研精神，做事专心致志？

1 心情不好时冥想一下

　　真正能够解决问题的还是自己，与其任由自己肆意发泄，不如学会坐下来思考，从自身出发，给自己留出一些冥想空间，享受独处带来的自我提升。

给自己留出一些冥想空间，享受独处带来的自我提升。

2 试试听一些白噪声，缓解紧张心情

　　如果你认为独处是一种空泛无聊的行为，不妨给它加一些调味剂。研究表明，来自大自然的白噪声有助于帮助人们舒缓情绪。开始学习独处时，可以听一听白噪声，帮助你驱赶负面情绪。

开始学习独处时可以听一听白噪声，帮助自己驱赶负面情绪。

3 学会与自己交流是享受独处的秘诀

　　我们总是在学习如何社交，独处的意义在于让你学会如何和自己相处。学会和自己对话，以第三视角审视自己，通过独处来了解自己，留出空间自我反思，思考如何提升情绪掌控力。

自己与自己对话，自我反思，是享受独处的秘诀。

每天进步一点点

孩子的世界纯真又直接，情绪也来得更为猛烈和真实。当你感觉不开心、焦虑、不顺心时，有情绪是非常正常的。学会识别情绪、调解情绪，是每一个人必备的能力。

你今天感受到哪些情绪？和"坏"情绪和平相处了吗？

每 日 收 获

写下我的小故事

第四章

能力篇：
如何提升你的情绪掌控力

16 倾听内心的声音，勇敢表达自己的情绪

成长的烦恼

　　心理健康课上，老师让我们谈谈与朋友之间的矛盾，很多同学都把自己与朋友间的不愉快、委屈、争吵说了出来。而我一直不敢在朋友面前表现出自己的情绪，生怕影响与朋友的关系，每次都是笑笑就过去了。当轮到我的时候，我结结巴巴地说："我……和朋友……没有矛盾。"其实我也有很多情绪，但为什么我不能把真实的情绪表达出来呢？

说说我的故事

心理健康课

今天我们一起聊聊与朋友之间的矛盾。

我和你讲……

哈哈，我也是！

每个同学都来说一下，然后我们一起分析应该怎么做。

朋友把我的裙子弄脏了，我和她吵了一架……

朋友不小心把我的玩具弄坏了，我很伤心。

朋友冤枉我把他的篮球弄丢了，我很委屈……

该你说了，皓皓。

100

我……和朋友……没有矛盾。

皓皓，你弹得太难听了，全都跑调了。

你花钱报班太浪费钱了，你真的一点音乐细胞都没有。

他怎么能这么说话呢？真的好生气，我真想和他争执一番！

可是如果我生气和他吵起来，是不是以后连朋友都做不成了？还是算了吧……

我可能真的没有天分吧。

骏骏那天说的话明明很过分，我却转头就走了……

我明明很生气，可是为什么不敢表达自己的情绪呢？

我能勇敢地表达自己内心的声音。

为什么我不能把真实的情绪表达出来呢？

VS

如果常把负面情绪压在心底，就会影响个人的身心健康及人际关系，所以每个人都要倾听内心的声音，勇敢表达自己的情绪。

倾听内心的声音就是要求人们静下心来思考自己的心理诉求，比如正在生气，可以去思考"为什么会生气""我需要什么"等核心问题来正视自己的负面情绪。

勇敢表达自己的情绪并不代表我们可以肆意发泄情绪，而是一种适当的情绪输出。适当地表达情绪，就是告诉对方你是什么样的状态，让对方知道你的想法和你的决定，双方交流处于一种良性的平衡中。

这种做法可以更好地与他人沟通，他人会接收到你的情绪信号，并做出反馈，这样彼此的互动才有意义且舒适，能够达到一种平衡。

倾听内心的声音，敢于表达自己的情绪且合理表达情绪，才可以给自己的心灵松绑，才能打破桎梏自己人生的枷锁。

心理学家给你的建议

怎样才能勇敢地表达自己内心的声音呢？

1 做个"心灵诊断师"

这里的"心灵诊断师"所面对的对象不是别人，而是你自己，想要勇敢表达出情绪，首先要做到的就是清楚地知道自己的想法，如果你自己都无法描述心情，如何让别人倾听你的情绪表达？

首先要清楚自己的想法，做个"心灵诊断师"！

2 先向最亲近的人吐露心声

学会开口对于有些人来说并不那么简单。如果你有了一些需要表达的情绪，可以找个亲近的人，这个人让你越安心、踏实，你就越能更快地卸下防备，袒露真实的自我。

找亲近的人表达情绪，袒露真实的自我。

3 坦诚直率反而会被人欣赏

把真实的想法表达出来并不丢人，反而会给人留下坦诚直率的印象。与人相处，真实最重要。有矛盾和摩擦是很常见的现象，勇敢说出来，只有充分沟通才能化解矛盾，让彼此的感情更加真挚。

表达真实的想法并不丢人，反而会给人留下坦诚直率的印象！

每天进步一点点

孩子的世界纯真又直接，情绪也来得更为猛烈和真实。当你感觉不开心、焦虑、不顺心时，有情绪是非常正常的。学会识别情绪、调解情绪，是每一个人必备的能力。

你今天感受到哪些情绪？和"坏"情绪和平相处了吗？

每 日 收 获

写下我的小故事

17 避免被激怒，不当"愤怒的小鸟"

成长的烦恼

　　体育课上，我和班上的"小霸王"相约比赛短跑，意外地输掉了比赛。"小霸王"对我连番挑衅，其他同学也凑上来调侃我，这让我有些恼羞成怒。随着他接二连三的言语输出，我的拳头也落到了他身上。事后我们都受到了老师严厉的批评。难道我真的是个容易被激怒，控制不住情绪的人吗？

说说我的故事

我要做一个不容易被激怒，可以控制住情绪的人！

我容易被激怒，控制不住情绪，是只"愤怒的小鸟"。

VS

愤怒是一种常见的负面情绪，它多是自身需求没有得到满足，或个人意愿一再受阻，或感到遭遇剥夺、反对、不公等所产生的一种短暂的身心紧张状态。

愤怒本身并无对错之分，但在强烈的愤怒情绪下，情绪掌控力较弱的人就会产生不同程度的不理智的行为，而这些行为就会有对错的区别了。

愤怒能够促使自己进行自我保护，同时，愤怒又对人的身体健康造成不利后果。愤怒时，人们往往无法做出全面且合乎逻辑的判断，会出现过激的、不理智的行为，甚至给他人造成一定的伤害。

由此可见，对于消极意义的愤怒，我们必须加以克制。对于那些可以激怒我们的人可以持淡然的态度，避免被影响，陷入消极情绪中，为自己带来不必要的烦恼。

心理学家给你的建议

一个合格的短期目标需要满足什么条件？

1 学会冷静看待他人的挑衅

欲使其灭亡，必先令其疯狂。如果有人企图从你身上得到某些东西，他的目的就是让你失去理智，无法控制情绪。你要学会以理智来面对挑衅，保持冷静，不让他人的言语影响自己。

学会理智地面对挑衅，保持冷静，不让他人的言语影响自己。

2 跟着内心的感受，表达自己的愤怒

当对方的言行让自己生气，一定第一时间感受到自己的情绪，不批评指责，也不一味退让，向对方表达自己的感受和不满，让对方了解你的想法和期待，重新找回关系中的平衡。

表达自己的感受和不满，让对方了解到你的想法。

3 与其激化矛盾，不如提升自身能量

易怒的人多半自身能量不足。自身能量充足的人，不容易被外界所干扰。如果你是一个易怒的人，建议你平时要多提升自己的认知，开阔心胸和眼界，将精力更多地投到自己身上。

多提升自己的认知，开阔心胸和眼界，将精力更多地投到自己身上。

每天进步一点点

孩子的世界纯真又直接，情绪也来得更为猛烈和真实。当你感觉不开心、焦虑、不顺心时，有情绪是非常正常的。学会识别情绪、调解情绪，是每一个人必备的能力。

你今天感受到哪些情绪？和"坏"情绪和平相处了吗？

每 日 收 获

写下我的小故事

18 学会面对压力，做个心理韧性好的人

成长的烦恼

　　为了升学考试，妈妈决定让我去练习田径。训练的第一天我就感受到了巨大的压力，我很难跟上同学们的节奏，也无法从艰苦的训练中找到乐趣，这使我的心情十分低落。逐渐地，我试图通过不停地请假来逃避压力。难道我的心理韧性如此之差？无法适应压力，还要继续坚持下去吗？

说说我的故事

皓皓家

好的，妈妈，我很喜欢跑步。

儿子，马上要升学考试了，你去练习一下田径吧，这样有助于你更好地升学。

我要收拾一下自己的运动装备。

同学们，训练会非常辛苦，你们要学会面对压力，战胜压力，做坚韧不拔的运动健将！

好！

1000米跑步训练

蛙跳训练

高抬腿跑步100米训练

我能面对压力，并坚持下去，做一个心理韧性强的人。

适应压力对我来说好难，我总是习惯逃避压力。

生活中，我们难免会对一些事情产生压力，但为什么有些人因此产生负面情绪且无法走出来，而有些人却能够顶住压力，克服负面情绪的影响迎难而上呢？能否从压力中勇进，取决于一个因素——心理韧性。

心理韧性可以看作是个人的一种能力或品质，是个体所具有的特征。它是个体能够承受高水平的破坏性变化，并同时表现出尽可能少的不良行为的能力，是个体从消极经历中恢复过来，并且灵活地适应外界多变环境的能力。

著名心理学家罗伯尔说过："压力如同一把刀，它可以为我们所用，也可以把我们割伤，关键是看你握住的是刀刃还是刀柄。"面对压力，学会以健康的方式排解压力，缓解负面情绪带来的二次压力，对我们来说是必不可少的能力。

做一个心理韧性好的人，从不同的视角看问题，压力也许就能转变成动力了。

心理学家给你的建议

面对压力，怎样提高自己的心理韧性？

学会从压力中寻找动力

我们在人生的每个阶段都需要面对备感压力的事，有些人在压力下逃脱，有些人能够在压力中找到动力，用对成功的渴望鞭策自己顶住压力，砥砺前行。想成为后者就要学会用目标激励自己，冲破压力的束缚。

学会从压力中寻找动力，冲破压力的束缚。

提高自我调节能力，别让压力成为你的负担

心理韧性的好坏和自我调节能力有很大关系，学会调节心情，压力就不足为惧。建议你适当做些有利于恢复斗志的事情，制定适合自己的解压方案，使自己能够快速地从压力中找到前进方向。

制订自己的解压方案，提高自我调节能力。让自己从压力中找到前进的方向。

找准学习对象，吸取"战斗经验"

面对一些未经历过的难事，感受到压力在所难免。你可以观察一下其他面对同样压力的人，看看他们是如何调节情绪的。找准学习的对象，和他交流一下，从他那里吸取一些"战斗经验"。

找准学习对象，与他交流，吸取"战斗经验"。

每天进步一点点

孩子的世界纯真又直接，情绪也来得更为猛烈和真实。当你感觉不开心、焦虑、不顺心时，有情绪是非常正常的。学会识别情绪、调解情绪，是每一个人必备的能力。

你今天感受到哪些情绪？和"坏"情绪和平相处了吗？

每 日 收 获

写下我的小故事

19 提升自己的沟通能力，学会应对冲突

成长的烦恼

　　我的两个好朋友因为一点小事发生了矛盾，怄气并不搭理对方了。而我作为中间人，听着两人各执一词，互相指责，不知如何沟通调解，最后硬着头皮胡乱沟通一番，却导致两人的矛盾愈加剧烈。事后我不禁反思自己，如果我拥有良好的沟通能力，把双方的矛盾处理得当，那么会不会有不同的结果呢？

体育课

18 20

骏骏,你怎么最后不传球啊?

你还怪我?明明是你不对,我看不到你!

不怪我!

哼,反正也不怪我!

哼!

不要因为小事而失去了友谊啊,我去劝劝他们吧。

118

 我会共情，能倾听，有良好的沟通与协调能力。

 我不知如何沟通，一张嘴就容易让矛盾变得更加激烈。

　　沟通是我们生活中的重要组成部分，是有效传递信息、和谐人际关系的重要手段。尤其是对于学生而言，培养良好的沟通能力，不仅有助于学生在学校的学习与生活中更好地适应和融入，也对未来的发展至关重要。

　　有研究发现，青少年心理问题的发生在很大程度上与其人际关系的处理有关，而人际关系处理的好坏则很大程度上与其沟通能力有关。

　　沟通能力较差，会导致我们的人际冲突和矛盾增多，使得适应社会和环境的能力减弱，心理健康水平降低。

　　良好的沟通能力是保持良好人际关系的前提。良好的沟通能够敞开心扉，增进彼此的感情；能够通过彼此的了解而消除误解；能让我们学会换位思考，互相体谅；还能让我们找到认同感、归属感，更深刻地体会到自己的价值，从而获得充实、愉快的精神生活，促进身心健康。

心理学家给你的建议

如何提升沟通能力，合理应对冲突？

比丢面子更可怕的是丢掉友谊

矛盾发生时，很多人抹不开面子，回避自己的问题，只从他人身上找问题。想要和对方妥善地沟通、解决问题，首要的一步就是承认自身不足。有勇气总结和承认错误是解决问题最好的开始。

理解对方才能缓和对方的情绪。

团结友善才是对待朋友的正确态度

激烈的情绪只能激化矛盾，使得双方关系更加恶化，这不是我们想要得到的结果。从容应对冲突，需要双方以冷静友善的态度友好沟通，以强大的共情能力体会对方的感受。

保持冷静友好的态度，学会共情，体会对方的感受。

保持信息对等的交流

信息不对等，交流的过程无疑是艰难的，各说各话，双方都没有良好的沟通体验，所以一场有益的沟通需要双方充分交换意见。想要提升自己的沟通能力，就要学会在信息对等的境况下解决矛盾和冲突。

一场有益的沟通需要双方充分交换意见，这样才能解决矛盾和冲突。

每天进步一点点

孩子的世界纯真又直接，情绪也来得更为猛烈和真实。当你感觉不开心、焦虑、不顺心时，有情绪是非常正常的。学会识别情绪、调解情绪，是每一个人必备的能力。

你今天感受到哪些情绪？和"坏"情绪和平相处了吗？

每 日 收 获

写下我的小故事

20 培养社交力，多结交朋友不孤单

成长的烦恼

　　新学期，我被分到了一个全新的班级。面对这么多陌生的面孔，我不知道如何开口和他们聊天，如何才能交到新的朋友。大家都找到了同伴，只有我形单影只地坐在座位上默默发呆。我感到非常地孤单，怎样才能改善我的人际关系，多结交朋友呢？

说说我的故事

124

第二天

大家很快都熟悉了，都有新的朋友了……

哈哈，好有趣！

你看！

这是我的新班级！

三班

四班

我也想多交一些朋友，可是我要怎么做呢？

我的前同桌睿睿……

睿睿无论到哪里都能结交一些朋友。

睿睿人缘特别好呢！

我去请教他！

怎样才能让自己多多结交朋友呢？

我有较强的社交能力，能交到许多朋友！

我害怕社交，没有新朋友。

　　人际交往，即人与人之间的一种互动，是人们最重要的社会技能之一，人际关系则是人们在交往过程中形成的直接心理关系。

　　良好的人际关系能够让我们心情舒畅，身心愉悦，乐观积极，并获得团结、有爱、谦让等许多社会技能，能够主动适应环境，应对各种问题。

　　出于种种原因，有些同学不愿意社交，不能与同伴和谐共处，把自己束缚在极小的圈子中，这常常会导致他们产生离群、自卑、抑郁等状态，从而影响他们的心理健康。

　　但是，即便是有这样的困扰，也不用担心，因为人际交往能力是可以慢慢培养的，通过自我鼓励、多参加集体活动提升自信，并学习一些有效的交往技巧，社交能力就一定会有所提升。

心理学家给你的建议

如何培养社交力，多多结交朋友？

1 敞开心扉，主动和别人聊聊天吧！

人际关系的形成是交往双方合力促成的，你抱着不好意思的心情扭扭捏捏，别人也是一样。试着多和别人聊聊天，相处中彼此就会越来越敞开心扉，自然而然地发展成朋友。

2 分享是感情升温的好帮手

感情的升温是一个循序渐进的过程，如果一个朋友对你推心置腹，把他的日常生活、兴趣爱好都和你分享，你就会对他更加有好感，在一次次交换"秘密"中得到感情的升温。

3 兴趣爱好是交友的好帮手

我们总说"趣味相投"，有相同兴趣爱好的人往往有更多的共同语言和交流机会。从兴趣爱好出发，找到志同道合的朋友就没有那么难了。

每天进步一点点

　　孩子的世界纯真又直接，情绪也来得更为猛烈和真实。当你感觉不开心、焦虑、不顺心时，有情绪是非常正常的。学会识别情绪、调解情绪，是每一个人必备的能力。

　　你今天感受到哪些情绪？和"坏"情绪和平相处了吗？

每 日 收 获

写下我的小故事

第五章

应用篇：
学会应对学习、生活中的情绪问题

21 妈妈总是唠叨，让我烦躁难忍怎么办？

成长的烦恼

有一次，我忘记带笔盒去学校，妈妈知道后就开始唠叨，"怎么记性这么差？""你不能总是向同学借笔用吧。"……我就像被念紧箍咒的孙悟空，心情越来越烦躁，生气地跟妈妈顶了句嘴，关上房门把自己锁在了房间里。唉，到底该如何面对妈妈善意的唠叨呢？

133

我可以处理好和妈妈之间的关系！

 VS

妈妈那么唠叨，真的很烦啊……

先让我们来分析一下妈妈唠叨的原因吧。

第一，是出于对子女的关心，出于由衷的母爱，因而对子女不放心，总是千叮咛万嘱咐。第二，两代人存在着客观上的差异。这种差异往往表现为社会价值观念的不同，消费倾向、兴趣爱好、心理习惯、生活方式的不同，也可以把它称为"代沟"。第三，妈妈无法很好地控制自己的情绪。当有负面情绪时，难免会发泄，对外的表现可能就是对着孩子唠叨。

了解上面的内容后，对于妈妈的唠叨，你应该有了新的看法吧？是不是也能够更好地处理自己与妈妈之间的关系了呢？下一次再被妈妈唠叨，不要像炸毛了般与她争吵，如果不注意说话的分寸和态度，往往会刺伤她的心。冷静下来，试着理解她，并跟妈妈好好沟通吧。

心理学家给你的建议

如何处理好和父母之间的关系？

 主动向父母汇报自己的行为

要明白父母对于我们的唠叨都出于爱，都是对我们的安全、健康、学习的关怀。要想父母少些唠叨，不妨变被动为主动，主动告知父母自己的行为。比如：出去玩的时候告诉父母和谁一起、去哪里、多久回家；吃饭前说一句"我先去洗手啦"；放学回到家，告诉妈妈"我先去写作业啦"，等等。

> 我和琪琪去楼下打球，六点半回家哦。

2 烦躁的时候从父母的角度想一想

经常听到人说，父母不理解自己，但你理解父母吗？其实我们很少站在他们的角度想问题。如果能做到换位思考，父母也会认为你是个"小大人"，不会担心过多，就不会唠叨了。

> 其实想想，妈妈的唠叨也是一种关心。

3 以幽默的言语打消父母的忧虑

明白了父母的苦心之后，当他们再次唠叨你的时候，不妨试试以幽默的态度面对他们，承认错误，开个玩笑，不仅能化解担心，还能让你免遭"紧箍咒的洗礼"。

> 妈妈，你说的我记住啦，不要再"念经"啦！

每天进步一点点

孩子的世界纯真又直接，情绪也来得更为猛烈和真实。当你感觉不开心、焦虑、不顺心时，有情绪是非常正常的。学会识别情绪、调解情绪，是每一个人必备的能力。

你今天感受到哪些情绪？和"坏"情绪和平相处了吗？

每 日 收 获

写下我的小故事

22 我不喜欢数学老师怎么办？

成长的烦恼

　　上学期，我们换了新的数学老师，她的授课风格与之前的老师有很大不同，而且她还会当众批评我，我感觉很没面子。现在一上数学课我就非常抵触，成绩一落千丈。我好怀念以前的老师啊，我到底该怎么改变对新数学老师的态度呢？

●说说我的故事●

同学们，由于工作调动，之后由新老师来给大家上课。

我有点舍不得数学老师。

我也是。

大家好，今后就由我来担任同学们的数学老师。

今后我会非常严格地要求大家，希望大家也严格要求自己。

以前

现在

哈哈哈……

安静、严肃……

新来的老师也太严肃了……

138

139

遇到不喜欢的老师，我会努力调整好自己的状态。

我不喜欢新老师。她总是当众批评我！

VS

　　师生之间不仅有教与学的关系，还有因情感交流而形成的心理关系。师生关系对学生的学习状态和心理健康都有很大影响。

　　因为不适应老师的授课风格或表达方式，不适应老师的节奏等，而对老师产生抵触情绪，这样的心理状态是正常的现象，不用过分自责。如果因为有了这样的情绪而去逃避，则会影响我们的学习心情、学习状态以及学习成绩。

　　每一位老师都有闪光点，都有其可敬之处。作为学生，我们要抱有积极的心态去适应老师，从心理上尝试接纳老师，发现老师授课中的优点，找到对应的学习方法，以尊重、虚心的态度多向老师请教，增加师生间的互动。

　　通过自己的行动与心理调节，把对老师的讨厌转变为爱戴之情，培养良好的师生关系，才能使我们的学习更进一步。

心理学家给你的建议

遇到不喜欢的老师，怎样调整自己的状态？

努力适应一下老师的节奏和状态

每个老师都有自己的教学方法、教学节奏、说话方式，学生应该努力适应老师的节奏和状态。如果觉得真的有困难，也可以和老师沟通。要相信，每一个老师都是爱孩子的，只是方式不同。

我应该努力适应老师的教学节奏。

适应

正确对待老师的表扬与批评，学会"转念"

老师的表扬是对我们的肯定和鼓励，让我们再接再厉；老师的批评是对我们爱护和鞭策，同时也是一种期待。如果遇到老师批评自己，不妨试着"转念"——老师能指出我的问题，正说明他关注我、重视我啊，我应该多努力才是。

表扬   批评

原来老师的批评也是对我们的一种鞭策呀。

表达自己的想法，跟老师多交流

厘清自己的想法和意愿，分析自己的问题，多跟老师沟通交流。如果觉得当面和老师沟通会不好意思或者发怵，可以采用书信的形式，也可以写到日记中给老师看。

老师，您的教学方法和节奏我不太适应……

每天进步一点点

孩子的世界纯真又直接，情绪也来得更为猛烈和真实。当你感觉不开心、焦虑、不顺心时，有情绪是非常正常的。学会识别情绪、调解情绪，是每一个人必备的能力。

你今天感受到哪些情绪？和"坏"情绪和平相处了吗？

每 日 收 获

写下我的小故事

23 妈妈对我期望太高，我压力很大怎么办？

成长的烦恼

上一次考试，我得到了一张奖状，妈妈却不怎么满意，告诉我以我的能力可以考得更好。拿到好成绩的自豪感瞬间大打折扣，浓浓的压力感压得我喘不过气。回到屋里，我不禁思考：妈妈对我的期待这么高，万一我做不到怎么办？

144

145

我要加倍努力，迎合父母对我的期待！

妈妈对我的期望太高，我做不到怎么办啊……

　　父母通常出于爱和关心会对孩子有所期望，他们希望孩子过得更好，成长为更优秀的人。但是有时候这份期望与信任也让孩子的压力越来越大。

　　父母的期望太高，要求学习一时难以懂得的知识，学习毫无兴趣的技能或者对成绩排名过于重视，会使孩子失去追求知识的兴趣和主动精神。但是父母的期望同时也是一份沉甸甸的爱，充满了对孩子人生的期许与祝福。

　　过高的期望会带来压力，而在压力下产生的心理状态则会有很大的负面影响。如果你不知道如何面对或者缓解这样的负面情绪，则会导致你失去学习动力、学习兴趣，甚至厌学。

　　面对强大的压力，你首先要做的就是积极面对，调节自我情绪，找到压力来源，坦诚地与父母沟通，告诉他们你真正的想法，分析你目前的状态，共同设定合理的目标，循序渐进。相信好的状态一定能有好的成绩。

心理学家给你的建议

怎样合理对待父母的期待，缓解由此产生的压力？

1 坦诚沟通

越是害怕让父母失望，越是压力满满。很多时候父母的期待往往大于实际，这种情况下，可以试着坦诚地沟通，让他们明白你的想法和对自己能力的预估，对你的要求自然也会更加贴合实际了。

> 妈妈，您对我的期望太高，我很害怕会让您失望。

2 把期待看作努力的动力

对父母敞开心扉之后，他们对你要求不会超出太多，适当的期待就变为一种鼓励。试着把他们对你的期待当作继续努力的动力吧，奋斗路上有人加油助威的感觉太棒了！

> 妈妈对我要求高，其实也是对我的一种"鼓励"。

3 做不到的别逞强，尽你所能就好

其实，大多数的父母只是"刀子嘴豆腐心"。尽到自己最大的努力，就算没有达到父母的目标，他们也不会责怪你的。试着调节自己的情绪，别让压力淹没奋斗的动力。

> 尽自己的最大努力就好！

> 做不到，别逞强！

每天进步一点点

　　孩子的世界纯真又直接，情绪也来得更为猛烈和真实。当你感觉不开心、焦虑、不顺心时，有情绪是非常正常的。学会识别情绪、调解情绪，是每一个人必备的能力。

　　你今天感受到哪些情绪？和"坏"情绪和平相处了吗？

每日收获

写下我的小故事

24 妈妈总在外人面前揭我的短，我又尴尬又生气怎么办？

成 长 的 烦 恼

　　有一次聚会，阿姨们开始讨论起孩子。我妈妈也加入了这个话题，不停地说我：不会做饭，不爱洗袜子，吃东西最厉害……把我的缺点说了个遍，我坐在旁边又尴尬又生气。为什么妈妈总喜欢在外人面前揭我的短？太讨厌了！

150

还有，还有……

妈妈，你就别当着阿姨的面揭我的短了……

妈妈怎么总在外人面前说我的缺点呢？

哼！什么嘛！

难道我在妈妈眼里一文不值吗？

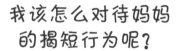

我该怎么对待妈妈的揭短行为呢？

我一定能妥善对待妈妈的揭短行为。

VS

妈妈总是在外人面前揭我的短……真是太讨厌了！

　　被当众揭短，被言语抨击，被跟别人比较……这些很多孩子都经历过，而做这些的人正是自己最亲的家人。其实，我想告诉你的是，这不是你的错。以上这些包含着父母对你的爱与期望，他们希望你变得更好，只是用错了方式。他们不知道，这样做看起来不疼不痒，但是却践踏了孩子自尊，给孩子的身心都造成了很大的伤害。

　　哲学家约翰·洛克有句名言："父母越不宣扬子女的过错，则子女对自己的名誉就越看重，因而也会更小心地维护别人对自己的好评。若是你当众宣布他们的过失，使其无地自容，他们便会失望，而制裁他们的工具也就没有了。"

　　希望看到这句话的你、因为父母当众揭短而难过的你，能够把这些拿给父母看。同时敞开心扉，向父母说出你的感受，跟他们说："我知道，我有一些地方做得并不好，但是我依然希望你们能关起门来，看着我，等等我，帮助我。"

152

心理学家给你的建议

怎样妥善对待妈妈的揭短行为？

1 把你的想法讲给妈妈听

父母可能并没有意识到你会因为他们在外人面前的调侃感到尴尬和生气，把你的感受讲给他们听，让他们知道你不喜欢这种做法，同时，和父母一起聊一聊自己需要改进的方面。

下次能不能 不要在外人面前调侃我啊！

2 用玩笑的语气化解尴尬

在外人面前，尤其是在父母的朋友面前，你如果当即表现出你的气愤，可能会让你的父母下不来台，可以先用开玩笑的语气化解尴尬，事后再告知父母。

吃得多，长得高，哈哈哈……

3 分辨父母是不是在调侃

有时候父母会觉得你其他方面还不错，面对他人的夸奖，他们会选择用这样"揭短"的方式谦虚一下。如果只是无伤大雅的调侃，只要不太过分，倒是不失为一种生活的乐趣。

学会分辨！

每天进步一点点

孩子的世界纯真又直接，情绪也来得更为猛烈和真实。当你感觉不开心、焦虑、不顺心时，有情绪是非常正常的。学会识别情绪、调解情绪，是每一个人必备的能力。

你今天感受到哪些情绪？和"坏"情绪和平相处了吗？

每 日 收 获

写下我的小故事

25 班上有人总是欺负我，我不敢上学怎么办？

成长的烦恼

　　我的性格很软弱，从来不敢和别人发生正面冲突，所以班上几个调皮捣蛋的同学经常欺负我。有时把我的橡皮扔到垃圾桶，有时在我的桌上倒水，最过分的一次是把我来之不易的奖状撕掉了。被欺负后，我又不敢告诉别人，只能忍气吞声。现在一提到上学我就心惊胆战，甚至打起退堂鼓，我到底该怎么办？

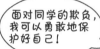

面对同学的欺负，我可以勇敢地保护好自己！

被同学欺负了，我难道只能忍气吞声吗？

　　面对霸凌，忍气吞声，任其欺负，或者选择硬碰硬，与他发生冲突，都不会真正地解决问题，因为这些做法都没有抓住问题的核心。

　　每个人都有自己的底线，也都有自己判断对错的标准。所以，当遇到一些越过自己底线的事情，一定要表现出自己的情绪。如果压抑自己的情绪，一味忍让或者妥协，这样的事情就会一再发生，更严重的，会让你对学校生活产生恐惧、厌恶等负面情绪。

　　所以，偶尔有些小脾气是有必要的。当然，这种小脾气，不是无理取闹，也不是随心所欲，而是自己生活的准则，是一种合理的反抗。这就是我们所说的，我们可以善良，但是我们的善良一定要有锋芒。合理的愤怒是保护自己的武器。不过，值得注意的是，一定要正确地表达自己的愤怒。

心理学家给你的建议

面对同学的欺负，怎样勇敢地保护自己？

1 鼓起勇气，保护自己

脾气软弱、性格胆小的人经常会被欺负，如果你不鼓起勇气和他们正面交锋，他们可能会一直把你当软柿子捏。面对欺负，你要做的首先就是克服恐惧，勇敢地和他们理论，至少也要把你的态度摆出来。

2 沟通无果，将情况告诉家长

父母永远是你坚强的后盾。如果你和欺负你的同学实在沟通无果，对方依然我行我素，一定不要忍气吞声，把实际情况告诉爸爸妈妈，寻求他们的帮助。

3 用强势的姿态将自己武装起来

情绪掌控力强的人，懂得把情绪当作保护自己的盔甲，正如上面说的，很多人都是欺软怕硬的，一味做软柿子，只能备受折磨。你要学会表达自己的情绪，保护自己，让别人没有欺负你的胆量。

每天进步一点点

孩子的世界纯真又直接，情绪也来得更为猛烈和真实。当你感觉不开心、焦虑、不顺心时，有情绪是非常正常的。学会识别情绪、调解情绪，是每一个人必备的能力。

你今天感受到哪些情绪？和"坏"情绪和平相处了吗？

每 日 收 获

写下我的小故事

26 和最好的朋友闹掰了，我心情很沮丧怎么办?

成长的烦恼

　　我和好朋友绝交了，因为他逃兴趣班的课，却把错误推卸在我的身上，我无缘无故当了"替罪羊"。从那以后我们再没有联系过彼此，但是，我心里的沮丧却与日俱增，这么久的友情难道就这样烟消云散了? 我该怎么样调节自己的情绪，不再沉浸在沮丧之中?

162

我可以正视矛盾，不感情用事。

小明做得太过分了，我们友谊的小船说翻就翻了。

　　在我们的生活中，友谊就像一座桥梁，连接着彼此的心灵。有时，这座桥梁可能会受到风雨的侵袭，甚至可能坍塌；但是，只要我们愿意修复，它就可以重新建立起来。

　　朋友之间的矛盾和误会是很常见的，关键在于我们如何处理这些问题。如果我们选择逃避或忽视它们，那么这些矛盾可能会随着时间的推移而加深；相反，如果我们愿意坦诚地交流，那么我们就可以消除误解，加深理解，从而增进友谊。

　　所以，无论出于什么原因，希望彼此能够找机会坐下来，坦诚地交流各自的感受和想法。如果充分沟通后，对方也并没有因为他的行为向你道歉，那么说明他并没有顾及你的感受，没有将你看作真心的朋友，如此，失去这个朋友你也不会再感到遗憾了。

心理学家给你的建议

与朋友闹矛盾时，如何纾解心中的沮丧？

1 主动联系对方，把问题说清楚

朋友相处中遇到问题，第一个开口的人并不代表先低头，这样的人反而更有勇气，更有大局观。彼此都有心结时，你可以主动联系对方，坦诚相待，将各自的问题讲清楚，试着化解矛盾。

2 找共同的好朋友帮忙化解矛盾

"当局者迷，旁观者清。"很多时候，你可能意识不到问题所在，可以找好友聊一聊，既可以把心里的沮丧和委屈一吐为快，又可以让他分析一下你们双方的问题，给出一些建议。

3 沮丧的时候想想你们经历的快乐

和某个人产生冲突之后，人们往往会忽略经历过的快乐，只想对方的缺点。其实，不管是和谁相处都需要磨合的过程，这时候多想一想你们美好的记忆，说不定你就会重燃友情之火，把沮丧抛之脑后了！

165

每天进步一点点

孩子的世界纯真又直接，情绪也来得更为猛烈和真实。当你感觉不开心、焦虑、不顺心时，有情绪是非常正常的。学会识别情绪、调解情绪，是每一个人必备的能力。

你今天感受到哪些情绪？和"坏"情绪和平相处了吗？

每日收获

写下我的小故事